宇宙·神奇的天体

红色的火星

温会会/文　曾平/绘

浙江摄影出版社
全国百佳图书出版单位

宇宙是一片浩瀚无垠的神秘区域，除了恒星这样能够自己发光发热的天体，其他大部分星球都被无尽的黑暗笼罩着。

没有人说得清宇宙究竟有多大，就连你所居住的地球，也只不过是它怀抱中一个微小的岩石球。

我是火星，生活在宇宙中的太阳系，是距离太阳第四近的行星。

在火星上过一天会比在地球上过一天更漫长，因为我的自转速度比地球慢。火星上的一年是地球上的 687 天。

我的身体表面覆盖着鲜红的赤铁矿，无数细小的尘埃飘荡在空中，让天空看起来都是红色的。因此，我被人类称为“红色星球”。

在中国古代，我还有一个名字叫“荧惑”——因为我看起来“荧荧如火”，位置和亮度时常会发生变化。

人类在不了解我之前，对我产生过很多奇特的想法。他们认为火星上居住着火星人，火星是一个非常危险的星球。

其实到目前为止，我是除地球之外人类所发现的最适合生命生存的行星。

我的环境和地球很像，有重力场和大气层，也有季节的变换，虽然天气很冷，空气稀薄，但都可以用高科技手段调节。

科学家们的研究证明，在很久很久以前，火星表面曾经存在过大量的液态水——有水就能够产生生命。但现在的火星似乎已经找不到生命的迹象了。

我的内部结构很简单，分为由岩石构成的地壳和地幔，以及主要成分为铁的内核。我的体积比地球要小很多，直径只有地球的二分之一。

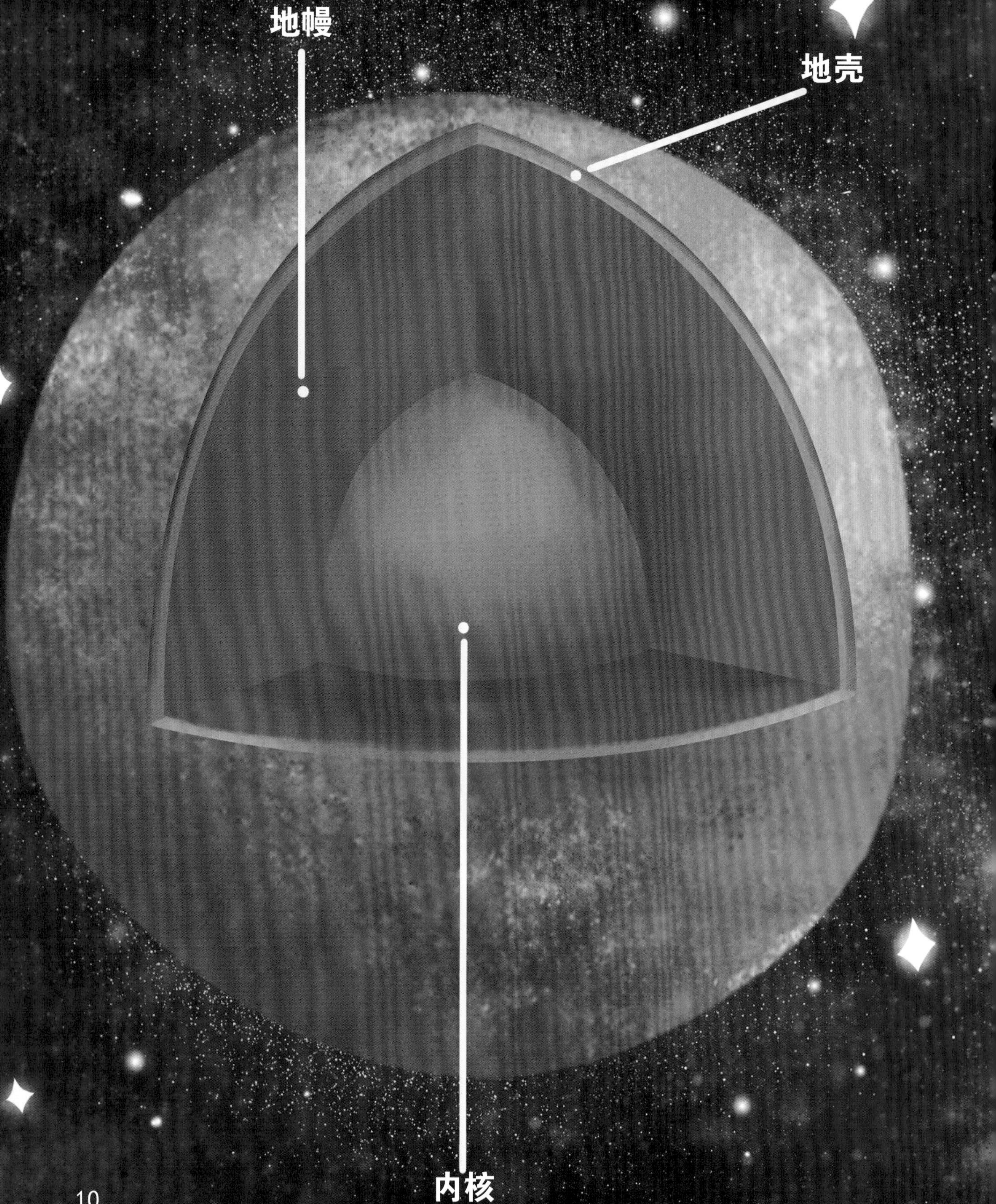

地幔

地壳

内核

我的两极都覆盖着永久性的极冠——北极的极冠主要由水冰构成，南极的极冠由干冰构成。

如果你在宇宙中遥望我，一定会以为我戴着白色的小帽子呢！

和地球类似，我也拥有多种多样的地貌：环形山、平原、峡谷、沙丘、火山……其中，水手峡谷是火星上最大的峡谷，也是整个太阳系中的“峡谷之王”！它就像一道粗糙醒目的“疤痕”，深深印刻在我的身体表面。

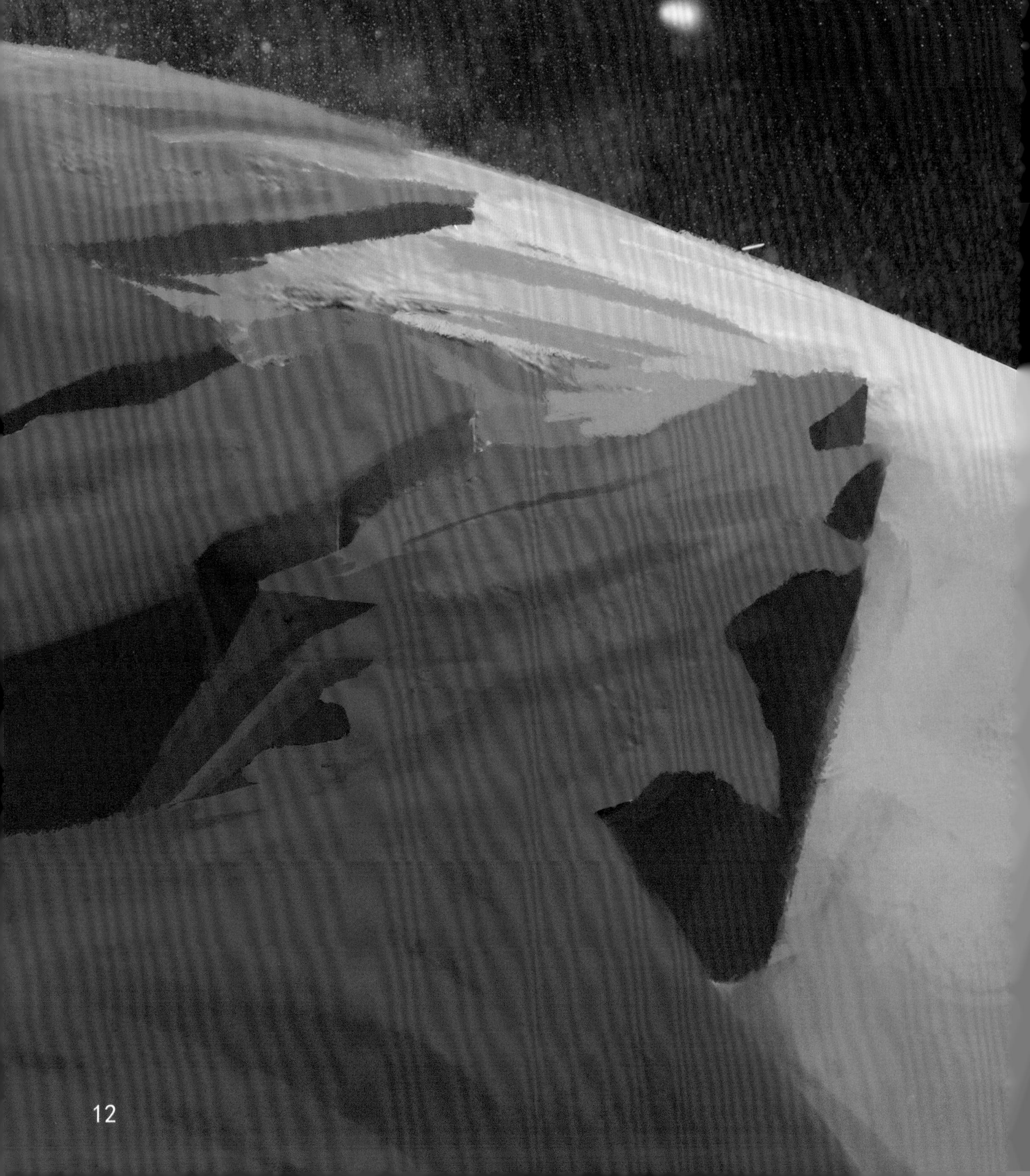

除了水手峡谷，我还拥有另一个太阳系之最——奥林匹斯山。它是太阳系中最大的火山，高度几乎是地球最高峰珠穆朗玛峰的 3 倍！

我是一颗非常干燥的星球，大气稀薄而活跃，常常会刮起猛烈的风暴，扬起大量尘埃，形成遮天蔽日的“火星尘暴”。

有两颗天然卫星围绕着我运行，分别是火卫一和火卫二，它们长得就像两个大土豆，上面覆盖着厚厚的尘埃和数不清的陨石坑。

许多年来，人类对我的探索从来没有停止过。包括中国“天问一号”在内的各种探测器不断被送上火星或火星轨道，探测地质，观测天气，寻找水源，探寻生命元素，并向地球传送极具科学参考价值的珍贵图像。

以目前的科技水平，人类要亲自登陆火星还非常困难。就算用现在最先进的载人飞船将宇航员送过来，光是单程就需要至少 6 个月的时间。更关键的是，即使宇航员成功到达火星并完成探测任务，他们也没有办法再返回地球……

虽然登陆火星暂时是人类无法完成的任务，但人类的想象能够包容整个宇宙。你可以使用大脑来虚拟自己在火星上活动的有趣场景。火星上的重力不到地球的一半，你将会一蹦一跳地迈着大步向前行进。

强烈的好奇心和探索欲是人类文明向前发展的推动力。从地球搬到另一颗星球上去生活，是很多人的梦想，那将是一个未知的、充满希望的崭新世界！

我是火星，我住在太阳系，我随时都欢迎你的到来，揭开我神秘的面纱！

责任编辑 陈 一
文字编辑 谢晓天
责任校对 高余朵
责任印制 汪立峰

项目设计 北视国

图书在版编目（CIP）数据

红色的火星 / 温会会文 ; 曾平绘. -- 杭州 : 浙江摄影出版社，2023.3
（宇宙·神奇的天体）
ISBN 978-7-5514-4399-9

Ⅰ. ①红… Ⅱ. ①温… ②曾… Ⅲ. ①火星—少儿读物 Ⅳ. ①P185.3-49

中国国家版本馆CIP数据核字（2023）第034437号

HONGSE DE HUOXING

红色的火星

（宇宙·神奇的天体）

温会会 / 文 曾平 / 绘

全国百佳图书出版单位
浙江摄影出版社出版发行
地址：杭州市体育场路347号
邮编：310006
电话：0571-85151082
网址：www.photo.zjcb.com
制版：北京北视国文化传媒有限公司
印刷：唐山富达印务有限公司
开本：889mm×1194mm 1/16
印张：2
2023年3月第1版 2023年3月第1次印刷
ISBN 978-7-5514-4399-9
定价：39.80元